L'Algérie

Les Juifs

La République

Essai par De Pierre

« Il y a de mauvaises humeurs dan-
« gereuses, mais pardonnables. On ne
« les calme pas en les surexcitant, mais
« en faisant disparaître ce qu'elles ont
« de légitime. »

HENRY BÉRENGER.

LYON

IMPRIMERIE DES CÉLESTINS (H. CASSABOIS)

10, Rue d'Amboise, 10

—

L'Algérie, Les Juifs, La République

Lyon, le 21 mai 1900.

Au lendemain des élections municipales, et au moment où la commission d'étude, chargée par la Chambre d'examiner sur place les réformes à introduire en Algérie, va s'embarquer pour la colonie, je n'hésite plus à livrer au public un article que je destinais à l'Algérie et qu'il serait prétentieux d'appeler un mémoire.

Il est certain toutefois que les idées précipitamment jetées sur quelques feuillets susciteront bien des réflexions. Je laisse à ces feuillets leur forme primitive puisqu'ils ont été soumis à une haute approbation ; il ne m'appartient pas, après la marque de confiance qui m'a été donnée, de changer un iota. Au surplus, je le déclare, je n'ai pas le temps matériel, à cause de mes nombreuses occupations, de refaire mon petit travail. Il restera donc ce qu'il était, je ne le complèterai que par les faits de ces jours derniers. Le temps presse. Les conseils municipaux sont élus, les municipalités sont installées, le moment est venu de crier la vérité.

Une Précision

Je tiens à écarter du débat toute question irritante. Suivant la trempe d'esprit de mes lecteurs bienveillants (et c'est surtout à leur bienveillance que je fais appel) les uns diront : c'est un dreyfusard qui écrit ; les autres voudront que je sois un disciple de Drumont, un antisémite malencontreux. Je ne suis ni l'un ni l'autre. Je suis un simpliste, pas plus ; un naïf, si vous voulez. J'ai vu, je vois et je constate. Pas davantage. Qui voudra être sincère tirera la conclusion de mon exposé. Mais pour l'instant jugez de mon indépendance, de ma loyauté.

Quand la question Dreyfus a été mise sur le tapis, jusqu'à la découverte du faux Henry j'ai soutenu, qu'en droit, la revision du procès n'était pas possible parce que les articles du code d'instruction criminelle invoqués ne s'appliquaient pas aux affaires de juridiction militaire ; que Dreyfus, s'étant pourvu en revision, devait être déclaré fort-clos ; qu'enfin la loi faisait une obligation à Dreyfus ou à ses partisans de fournir une preuve de présomption d'innocence pour pouvoir entamer un nouveau procès.

Je n'étais pas de parti pris puisque je dégageais le point de fait qui était pour tous la vraie bouteille à l'encre.

Lors du faux Henry, et après l'enquête et l'arrêt de la Cour de Cassation je me suis rangé du côté de la revision n'ayant plus confiance en l'orientation qui pouvait me venir de la rue St-Dominique, désirant, par dessus tout, m'incliner devant les lois de mon pays, pensant que nos législateurs nous en donneraient d'autres s'ils estimaient, celles existant, insuffisantes ou mauvaises.

Enfin, quand le conseil de Rennes eut prononcé sa sentence, comme les juges étaient divisés dans la façon de manifester leur opinion sur la culpabilité ou sur l'innocence, j'eus la faculté de prendre un parti ; je me rangeai du côté de la minorité, et dans une lettre au président du conseil de guerre je déclarai que je ne faisais aucune difficulté pour crier : vive l'armée ! au souvenir des deux braves qui avaient voté l'acquittement.

A cette heure je me désintéresse complètement de la cause de Dreyfus. Il doit savoir, lui seul, ce qu'il a à faire. Quant à nous, la loi nous sauve de l'erreur et nous dit de nous taire.

L'affaire est sortie du domaine de la justice, pour envahir le domaine de la politique. Mesurez le mal qu'elle a fait. La parole est à la loi et à la loi toute seule. « N'est-il pas évident « d'ailleurs que les Dreyfusards, puisque Dreyfusards il y a, « que le capitaine Dreyfus lui-même et sa famille ont tout « intérêt à se tenir dans la plus entière réserve, à ne pas « s'engager dans les polémiques irritantes et inutiles jusqu'au « jour où sans bruit, sans agitation, par un simple appel à la « loi devant la juridiction supérieure du pays » (1) la justice prononcera définitivement.

Je ne sache pas, après ces explications, que l'on puisse me traiter de « vendu » ou m'accuser d'être endoctriné par Drumont.

Non, pas de ces exagérations. Restons indépendants, fiers de notre indépendance. Et si nous avons quelque chose à dire, disons-le hardiment sans souci des emballements des exaltés, uniquement préoccupés du bien qui peut sortir des manifestations de la vérité.

Une Approbation

La question irritante qui pourrait être soulevée à propos de cet exposé, mise de côté ; ma neutralité presque, sur ce point délicat indiscutablement démontrée, reste à attaquer mon sujet, mon taureau, à le prendre par les cornes, et à vous le présenter.

(1) De Ranc.

Ce que vous allez lire, sauf les faits de ces jours derniers, a été soumis à M. X..., de l'Algérie. Voici la lettre qui m'a été envoyée :

« Paris, le 31 mai 1899.

« Monsieur,

« M. X... vient de lire avec le plus grand intérêt l'article
« que vous avez bien voulu lui envoyer.

« Il lui a semblé de nature à faire sur l'opinion publique si
« mal informée dans la Métropole des choses de l'Algérie, la
« plus utile impression..... Je vous le renvoie en y joignant
« mes félicitations..... etc.

Celui qui m'a écrit ou fait écrire cette lettre n'est pas le premier venu, croyez-le. Ne me demandez pas son nom, son titre, je ne vous les dirai pas. Sachez simplement une chose, c'est qu'il connaît aujourd'hui l'Algérie aussi bien que moi qui ai vécu près de dix années dans la colonie. L'expérience qu'il a acquise suffit à lui faire approuver ce que je lui ai soumis et dont voici l'exposé net et sans prétention aucune.

L'ALGÉRIE

L'Algérie ! Qui l'a connue veut toujours la revoir... Elle doit préoccuper tous les esprits. Je crois, cependant, que si la question juive, la question antisémite n'avait pas dû être agitée, le tournoi oratoire (débat sur l'Algérie de mai 1899) auquel nous avons assisté, aurait bien certainement laissé indifférents, non seulement bon nombre de Français, mais encore quelques parlementaires qui ont trouvé leur succès de tribune.

C'est qu'en effet l'Algérie, qui a besoin d'être connue, ne l'est en réalité par aucun de ceux qui, au moment de la bataille surgissent (à la grande surprise de ceux qui vivent là-bas au milieu des sauterelles) pour essayer de démontrer que les intérêts algériens leur sont chers. Leur succès personnel est précieux surtout ; mais c'est en vain que les vieux Algériens cherchent dans ces interminables discours la conviction que l'expérience seule peut garantir.

Car on ne nous fera pas entendre, quelle que soit la compétence d'un député, qu'un examen d'un mois, toujours hâtif, peut avoir raison de l'expérience acquise au contact de la population indigène, israélite, française, européenne.

Allez, Messieurs les parlementaires, récolter quelques poux en frôlant les indigènes ; allez négocier des affaires avec les israélites ; allez converser avec les Français dont la fortune est prospère ou qui sont près de la misère et vous pourrez ensuite préparer de beaux discours pour essayer d'apporter à l'Algérie ce qu'il lui faut de calme, de sécurité, de véritable prospérité.

Vous parlez trop de l'Algérie pour la connaître si peu ; craignez que par une polémique maladroite, vous ne jetiez à tout jamais la colonie dans le précipice qui s'est creusé autour d'elle.

Infailliblement vous atteindrez ce résultat ; car, vous le savez bien, pour si palpitantes d'intérêt que soient ces grandes questions traitées à la tribune de la Chambre, vous sentez surtout le besoin de « prendre l'air » ; vous « écoutez de moins en moins ces interminables homélies » manifestant « quelque impatience », laissant un « auditoire clair semé » à celui qu'on « est obligé d'entendre ». « Voyant qu'il n'y a plus guère d'incidents violents en perspective, nombre de députés se dirigent discrètement vers les couloirs, ne laissant à M. Laferrière qu'un auditoire assez réduit... »

Voilà comment l'Algérie vous intéresse. Je cite les comptes rendus des journaux, ne vous récriez pas.

Eh bien ! étudiez-la, la colonie ; vous nous ferez après entendre ce que nous savons d'ailleurs, et que vous tenterez ensuite, en connaissance de cause, de discuter avec ceux qui pourront enfin croire en vous, bien mieux qu'à cette heure, certainement.

*
* *

Voulez-vous que nous fassions quelques constatations de faits qui n'ont pas été envisagés ?

L'Algérie est anticléricale et républicaine.

Anticléricale. Un seul fait va vous permettre de juger. Partout en France, à cette époque de l'année que l'Eglise appelle le carême (tout en permettant à ses ministres d'enfiler pour la broche des poules d'eau et autres oiseaux maigres, tandis qu'elle n'autorise que les pâtes d'Italie pour ses fidèles convertis', partout en France, à cette époque, dans toutes les églises, dans les plus petites communes, on prêche la sainte quarantaine. Ces prédications ont leur succès, elles sont suivies. En Algérie, rien de tout cela. Les prêtres en sont réduits, à cause du petit nombre de fidèles qui vont à l'église, à n'organiser qu'une seule station dans la principale paroisse des grandes villes. Et encore, malgré le renom du prédicateur, arrive-t-on difficilement à faire salle comble.....

C'est un fait, on ne pratique pas en Algérie. A peine, le dimanche, un magistrat qui va à la messe et c'est tout.

Interrogez..... L'Algérie est anticléricale.

Elle est républicaine aussi. Je trouve la manifestation de cette vérité dans le choix qu'ont fait les Algériens de leurs représentants dans les trois provinces. Depuis bien des années, nous ne voyons partout que des majorités républicaines. Max Régis et Drumont sont d'hier.

Mais il y a mieux comme constatation.

Voyez ce que M. Ranc écrivait le 12 février 1899 dans *La Dépêche* de Toulouse :

« J'ai sous les yeux un manifeste affiché sur les murs
« d'Alger par les *Français d'origine*, adversaires de Max
« Régis et de sa municipalité, adversaires de Drumont; de
« Rochefort. Ils protestent avec énergie... ils réprouvent la
« politique de Max Régis et de Drumont ; ils disent qu'ils
« est temps de mettre un terme à l'agitation qui porte le plus
« grand préjudice au développement et à la prospérité de
« l'Algérie ; ils déclament que les bandes qui acclament
« Régis et Rochefort sont en partie composées de gens sans
« aveu, presque tous d'origine étrangère; enfin ils proclament

« que les immortels principes de Quatre-Vingt-Neuf sont fou-
« lés aux pieds en Algérie ! »

Qui oserait mettre en doute, même discrètement, la sincérité
de ceux qui sont les auteurs de ce manifeste ?

Ce sont des *Français*. Ils n'écrivent pas en espagnol
comme Drumont, *mais non plus en hébreu* ; ils flétrissent
ceux qui ne sont pas des républicains ; quel motif de douter
de leur patriotisme ?

Et ce manifeste vient quelques jours après l'affichage du
discours, pour la paix, de M. Dupuy. Certes, il nous siérait
mal de ne point approuver les paroles que prononça le chef du
gouvernement ; mais pouvons-nous ne pas noter l'accueil fait
par les populations à ces deux manifestes : le discours de
M. Dupuy lacéré ; le placard des *Français d'origine* respecté.
Et cependant, le gouvernement demandait la concorde ;
l'affiche flétrissant Max-Drumont portait le cri de guerre :
à bas les juifs !

Et M. Ranc exhalait une plainte que notre foi républicaine
veut faire sienne, les principes le commandent. Lisons ses
lignes et inspirons-nous des sentiments généreux qu'elles
manifestent :

« Tout cela est très bien ; mais si je me reporte aux dernié-
« res lignes du manifeste, je vois qu'il se termine ainsi :

« Vive la France ! Vive la République ! A bas les juifs !

« Et alors, je le répète : quelle mentalité singulière ! Et
« voilà des hommes qui se disent républicains, qui le sont,
« car rien ne permet de mettre en doute leur sincérité, qui se
« réclament des principes de la Révolution, par conséquent de
« la Déclaration des Droits de l'Homme, et qui terminent leur
« manifeste par ce cri de l'ancien régime : à bas les juifs ! Ils
« ne s'aperçoivent pas, ils ne se doutent pas, qu'ils se mettent
« ainsi en contradiction violente avec eux-mêmes, qu'ils déchi-
« rent ce grand principe de la Révolution, le plus essentiel de
« tous : l'égalité de tous les citoyens, l'égalité de tous les cultes
« devant la loi ! »

La voilà, certes, éloquemment condamnée l'aberration de
ceux qui prétendent rester républicains malgré leur clameur :
à bas les juifs !

Est-ce que ces hommes essayeraient une diversion en leur faveur, et voudraient-ils, au profit d'un sentiment sectaire plus déguisé, bénéficier du mouvement qui se produit autour des Drumont pour un cléricalisme plus hypocrite ?

Voici qui peut pleinement nous rassurer. C'est toujours M. Ranc que je cite :

« Un de ces groupements qui ont pris l'initiative de cet
« appel aux Algériens, s'intitule « Ligue républicaine anti-
« juive » comme si ces deux mots ne hurlaient pas d'être
« ainsi accouplés. Plus fort encore ; quelques-uns de ceux qui
« se déclarent anti-juifs et qui professent en Algérie l'antisé-
« mitisme se piquent d'être fidèles aux principes et aux tradi-
« tions de la franc-maçonnerie ! Je sais bien qu'en agissant
« ainsi les hommes qui sont à la tête de la résistance à la fac-
« tion Régis-Drumont croient être fort habiles. L'un d'eux me
« l'a écrit. »

Nous voilà bien éclairés.

Des *Français d'origine*, des *républicains*, des *francs-ma-*
çons sont résolus à lutter contre les Drumont-Max.

Je le dis hautement : c'est bien ! Voilà des Algériens ! J'ajoute qu'ils finiront par triompher. Régis, Drumont ne sont point faits pour la République que rêvent les Algériens. Ce sont des hommes qui ont bénéficié d'un mouvement, d'une occasion. L'Algérie se ressaisira ; Régis et Drumont passeront.

Reste à savoir cependant si ceux qui, républicains sincères, prendront leur place, devront, à l'exemple des démocrates qui ont écrit à Ranc, étaler dans leur programme ces mots : à bas les juifs !

Je voudrais sincèrement le contraire ; car rien de l'antisémitisme des Drumont ne me séduit. C'est, chez eux, le cléricalisme qui domine l'idée républicaine ; marcher à leur suite, c'est aller au cléricalisme contre la République ; l'Algérie ne veut pas de cela, elle restera républicaine, anticléricale ; mais on saura comment elle peut rester ce qu'elle veut être. Plus on l'aura étudiée, plus on se mettra en face de la vérité, plus on vivra de sa vie, plus aussi on comprendra ce qui est nécessaire à son salut. Qu'on se donne seulement la peine de le rechercher.

*
* *

Avant de pousser plus avant la constatation des phases diverses que subit le mouvement républicain dans des faits impossibles à détruire, un mot sur l'indigène musulman.

Il est certain que, le plus souvent, le musulman est impénétrable. Notre autorité lui inspire quelque crainte. Il se méfie ; et puis il est menteur. Cependant, le contact journalier avec l'arabe, permet d'affirmer que celui-ci n'aime pas le juif et que, s'il pouvait faire le coup de feu avec les armes qu'il tient cachées dans les murs de son habitation et avec la poudre qu'il achète fort cher aux Corses, pas un juif ne serait épargné. Nous autres, Français, nous viendrions bien peut-être en seconde ligne par haine du chrétien ; mais pour le juif, point de pitié ; sans rémission : occis. Pour savoir ces choses, il faut avoir vécu familièrement dans ces milieux.

C'est peut-être mauvais, je l'accorde ; mais c'est ainsi. Et vouloir essayer d'amener le musulman à un sentiment fraternel vis-à-vis du juif c'est aussi simple que de franciser les arabes comme on voulait, il y a quelques années, le tenter. Planter en terre la tour Eiffel par son paratonnerre est plus aisé que de franciser un musulman ou de l'amener à sympathiser avec les juifs.

Cet état d'esprit chez le musulman vient-il de ce que le décret Crémieux a mis le musulman dans une situation inférieure à celle du juif? Est-ce parce que les opérations financières entre israélites et musulmans ont été par trop préjudiciables à ces derniers? Il en est qui ont mandat de rechercher et de savoir.

En tout cas, voilà dans toute leur crudité, les sentiments du musulman vis-à-vis du juif. C'est important à constater, car nous devons compter beaucoup avec l'arabe, oui, beaucoup plus qu'on ne pense généralement.

Un point encore :

Ceux qui ont vécu là-bas, qui sont rentrés en France, qui

ont conservé le souvenir de ce qui se passe dans la colonie et du sentiment qui domine les populations, en quelle estime ont-ils les israélites ? Interrogez ; mais soyez impartiaux.

Il ne s'agit pas d'incriminer. A chacun le droit de vivre. Mais, à chacun aussi le droit d'exprimer ce qu'il a ressenti.

Et les fonctionnaires d'Algérie ont-ils quelque sympathie pour le juif ?... Il me souvient des murmures que suscitaient les nominations nombreuses faites par certain procureur général aujourd'hui oublié...

Et ceux qui se trouvent dans une situation indépendante, les commerçants par exemple, quels sentiments entretiennent-ils vis-à-vis des juifs ? Un fait : un jour, j'ai acheté un chapeau de feutre noir chez un chapelier français, rue Bab-Azoun, je l'ai payé 13 francs. Plus tard, j'ai acheté un autre chapeau de feutre marron, place de Chartres, chez M. X..., israélite ; je l'ai payé 29 sous. Le chapeau en feutre marron était de la camelotte, direz-vous ? Erreur. Excellents l'un et l'autre. Peut-être meilleur le chapeau marron, puisque j'ai pu le faire teindre et qu'il m'a servi plus longtemps. Vous riez sans doute, regardant cet achat de chapeaux comme une niaiserie digne tout au plus du jardin potager où pousse le melon que les chapeaux étaient destinés à couvrir. A votre aise, votre ironie ne résout pas le problème. Et si d'un fait de moindre importance je me risque à la recherche de faits nombreux et spéciaux, je constate un malaise dont souffre la colonie.....

*
* *

Le mouvement républicain, celui qui doit par dessus tout nous intéresser (car l'Algérie veut rester républicaine et nous devons seconder ses aspirations), sous quel jour se produit-il ? Le manifeste adressé à M. Ranc est déjà une indication.

Mais il y a mieux ; ne remontons pas au déluge si vous le voulez bien.

Vers 1888 nous voyons M. Thomson, je puis le dire sans exagération aucune, absolument vénéré dans la province de Constantine. Le souvenir de Gambetta enveloppait le député et le rendait cher à tous.

M. Thomson était républicain ; il l'est encore, certes ! Des républicains l'avaient élu... En 1898, il s'en est fallu de peu qu'il ne subit un échec ; en tout cas son élection a été long-temps combattue. Pourquoi ce revirement vis-à-vis d'un homme qui était républicain et qui est resté républicain ? On lui a reproché d'avoir eu trop de complaisances pour les juifs. C'est insensé ! je l'accorde. Mais c'est le fait ; il est tellement brutal qu'il a failli chasser un républicain du Palais-Bourbon.

A Alger, Letellier est battu par un républicain plus avancé Letellier siégait parmi les modérés ; Samary prit rang parmi les socialistes. L'unique motif de l'échec de Letellier ? On a soutenu que celui-ci avait des amitiés juives et que Samary se déclarait adversaire des juifs.

Tout ce qui rappelle le juif donc devient suspect ; et nous sommes cependant, on en conviendra, sur un terrain républi-cain. La lutte est bien entre républicains. Quelle que soit la nuance ou l'étiquette dont les divers partis se parent, les fractions du parti républicain vont à la bataille pour la Répu-blique, sans doute ; mais déjà tous sont enveloppés par le nuage de la question juive qui commence à aveugler les combattants.

Et malheureusement la foudre que le nuage porte en lui éclatera si puissamment que l'on n'entendra plus le cri de ralliement pour le drapeau qui semble raisonner trop faible-ment pour le triomphe de la République. Tandis que le tonnerre : A bas les juifs ! gronde avec fracas, assourdissant, dangereux, effrayant... Drumont apparaît. Ça n'est pas le sauveur ; il ne l'a jamais cru lui-même. C'est simplement le nuage qui crève. Drumont a recueilli du souffle, il a du pou-mon et crie plus fort que tous. Samary, confiant en ses prin-cipes, fier de son passé, républicain avant tout, attend tout du devoir. Mais c'est l'ouragan : A bas les juifs ! Et Drumont est élu.

Et les municipalités se succèdent ; et les hommes estimés comme les Guillemin, les Charpentier, tombent ; le cri : A bas les juifs ! triomphe de tout et de tous... Hélas ! on a oublié la République !

Eh bien ! je le demande, suffit-il d'un grand discours pour changer tout cela ? Le mal est trop profond. Qui a posé la question dans toute sa vérité, dans toute sa cruauté ? Les uns défendent les juifs, les autres les attaquent. Mais personne ne se demande d'où vient le vent de tempête qui souffle aujourd'hui avec rage et qui, dès longtemps, s'est fait sentir à l'horizon.

L'Algérie restera républicaine ; oui, le cri de guerre « A bas les juifs ! » cessera de retentir. Mais on saura pour quel motif il a été poussé. Des abus il y en a ; des fautes sont commises ; un mal ronge et décime la colonie. Il faut découvrir la cause du mal, le remède sera vite trouvé.

Mais il n'est que temps de se mettre à leur recherche.

Voyez les élections municipales en Algérie. Les antijuifs triomphent, les ligues républicaines antijuives l'emportent.

C'est « l'écume sur la bouillie des mécontents »

C'est toujours le même malaise qui se manifeste par ces élections qui ne répondent, en ce qui concerne la personne des élus, en rien aux aspirations des algériens. C'est uniquement la protestation incessante, toujours plus formidable, toujours plus dangereuse qui se produit. Si on n'y prend garde, la République, l'idéal républicain seront chassés de la colonie.

Il faut faire cesser la protestation que les français d'origine, que les républicains, que les francs-maçons, que tous ceux, en un mot, qui sont républicains sans conteste, sans suspicion possible, ont sur les lèvres.

Où est le mal ?.....

Où est le remède ?.....

**

Je note en passant ce qu'a trouvé M. Barthou comme remède efficace.

On a eu tort de donner à l'Algérie une organisation administrative et judiciaire, des préfets, des sous-préfets, des conseillers généraux, des conseillers municipaux, des députés, des sénateurs, en un mot le mécanisme qui fonctionne en France. Quant à la liberté de réunion et à la liberté de la presse, il n'en faut plus !

A la tribune de la Chambre il n'y a pas grand mal à un discours de ce genre. Un discours de plus ou de moins au Palais-Bourbon, c'est insignifiant.

Mais c'est en Algérie qu'il faudrait dire ces choses. Là, ça deviendrait intéressant.

Et c'est tout ce que l'on peut indiquer à un gouverneur qui traverse la mer pour venir chercher la lumière au sein des assemblées législatives ! Vrai, vous le rendrez aveugle, ce bon M. Laferrière, à force de lumière !!!

Passons !

*
* *

Est-ce que par hasard les aberrations d'esprit qui vicient la colonie pourraient se faire jour en France ?

Est-ce que M. Reinach a encore beaucoup de discours à prononcer pour donner à penser que la République est la chose du juif ; qu'elle est la chose d'un seul ; qu'elle se résume en un nom, peut-être en une race ? Est-ce que la lutte sera entamée par lui de façon à ce qu'il soit répondu à ses projets par le Nationalisme ?

L'Algérie doit, hélas ! suffire à ces jeux athlétiques. M. Reinach n'a pas à tenter un envahissement en France. La République ne sera la République ni des juifs, ni des protestants, ni des musulmans, ni des catholiques. La République est au-dessus des races et des religions.

Le discours « violent et imbécile » prononcé à Digne a servi à point les visées nationalistes. Ceci n'est qu'une variante des choses d'Algérie. Il serait imprudent de recommencer ou de laisser libre le chemin que veut prendre M. Reinach. « Il offre cette « particularité, écrit M. G. Clémenceau, moins commune qu'on « ne croit chez les juifs, de n'être pas antisémite. Même loin de « se cacher au moindre bruit, comme la plupart de ses coreli- « gionnaires, *il se jette bravement au secours d'Israël*, et « sa bouillante ardeur l'entraîne. Pour nous qui défendons « les juifs quand nous les trouvons victimes de la tyrannie du « plus fort, mais qui n'hésitons pas à leur faire la guerre « quand nous les voyons abuser cruellement — comme les

« chrétiens, d'ailleurs — de la puissance de l'argent, c'est
« la cause seule, c'est l'idée que nous prétendons servir et la
« race et la religion ne pèsent d'aucun poids dans nos reven-
« dications de justice égale pour tout le monde. »

Voilà ce qu'au lendemain du 6 mai tous les républicains
auraient dû clamer bien haut en réponse au discours de
Reinach. Une affirmation nette eut suscité dans l'esprit des
électeurs cette vérité, cette rassurante certitude que la République n'est point la République des juifs, pas plus celle des
autres religions, des autres races. L'antisémitisme s'est levé
devant l'attitude silencieuse des démocrates sincères pour
rééditer, sous l'étiquette nationaliste, les polémiques folles de
l'Algérie. Et ainsi nous verrions se propager en France ce
mouvement qui pourrait nous être aussi préjudiciable qu'il
l'est là-bas ! « Les louches manœuvres de Joseph Reinach,
« dont la personnalité encombrante fut et restera toujours
« néfaste au parti républicain », doivent être démasquées. Le
gouvernement de la République n'a aucun engagement à
prendre avec personne, pas même avec un Reinach. Il suffi-
rait de le tenter, ou même simplement de le répandre par
grotesque vanité, pour susciter à la République des revers.

Quand un homme devient encombrant, on le place dans le
fossé à côté pour laisser la route large, spacieuse à la démo-
cratie soucieuse de progrès, de justice, de vérité.

La *République* ne *vole* pas, comme M. Reinach, au secours
d'*Israël*. Elle n'agite pas de spectres, ne réveille aucune
haine, ne flatte aucune passion, ne renforce aucun préjugé.
La République ne se croit pas perdue parce qu'elle dédaigne
de se réfugier dans une synagogue, dans un consistoire,
dans une Eglise.

Reinach ne conçoit que la République des enfants d'Israël ;
la lutte de là bas sera la lutte d'ici.

Drumont, lui, veut « rectifier la Révolution française, et
« qu'après l'Algérie son antisémitisme soit continué en
« France. »

Voilà l'idéal pour l'un et pour l'autre.

Eh bien ! ni l'un, ni l'autre.

La République s'est identifiée à la Patrie, et cela nous suffit.

Le patriotisme, voilà toute notre race, voilà toute notre religion. Il est « cette personne morale qui a eu ses défaillances,
« ses égarements et ses passions ; mais qui, invinciblement, est
« revenue à la vérité et à l'idéal. Son cœur s'est élargi avec les
« siècles, et si ce rêve n'était, hélas ! prématuré, elle vou-
« drait, sur ce cœur, presser toutes les nations. Du moins
« veut-elle que dès aujourd'hui, tous ses enfants soient égaux
« en droit, libres en conscience ; qu'aucun d'eux ne soit
« opprimé ni n'opprime, que la justice soit égale pour tous ;
« que le jour apparaisse et luise, enfin, où il n'y aura ni pro-
« testants, ni juifs, ni cléricaux, mais simplement des
« Français respectueux les uns des autres. Ce patriotisme-là
« dit au peuple : « N'attends rien d'un César, ni d'une Eglise,
« ni même d'un parlement ; ne te fie ni à tes colères, ni à tes
« préjugés ; examine scrupuleusement tes devoirs comme tes
« droits ; élève-toi en t'instruisant ; ne crois pas que la force
« vaille mieux que l'idée, ni qu'un sabre soit supérieur à un
« livre ; respecte l'élite qui est en toi comme tu es en elle, et,
« conscient de tes faiblesses comme de tes énergies, regarde
« les autres nations moins pour les provoquer et les haïr dans
« leur passé que pour les instruire, les égaler et les aimer
« dans leur avenir. » (1)

Voilà le patriotisme de la France éternelle. Il n'est celui de
personne ; il est celui de tous ; il est celui de la République.
Qu'on ne tente pas de l'amoindrir, qu'on ne s'évertue pas
à le souiller.

Quand, en Algérie, les abus, d'une part, auront été combattus
et réprimés ; quand, d'autre part, aura cessé cette domination
morale qui semble peser sur une partie de la population au
profit de l'autre partie ; quand aura été conjuré le malaise qui
se traduit par des élections irréfléchies mais dont le carac-
tère de protestation s'accentue tous les jours davantage, les
cris de haine, les cris de mort cesseront de retentir, le calme
et la prospérité renaîtront, l'idée républicaine dominera toutes
les préoccupations, la République triomphera, l'Algérie sera
sauvée.

***

(1) Henry Bérenger.

J'ai fait appel à la bienveillance de mes lecteurs ; qu'ils soient remerciés. Je n'ai eu d'autre ambition que d'indiquer le mal dont souffre l'Algérie. Puissions-nous tous le voir et le guérir pour sauver, dans la colonie, l'idéal républicain.

« Cette mise au point peut sembler bizarre aux sectaires
« qui raisonnent sur des étiquettes. Elle paraîtra raisonnable
« aux esprits impartiaux qui essayent de comprendre leurs
« concitoyens avant de les excommunier.

« Qu'avec cela dans une certaine mesure, l'on puisse être
« antisémite sans être clérical, je ne l'approuve certes pas,
« mais enfin cela peut s'excuser et même se défendre. Il y a
« des mauvaises humeurs dangereuses, mais pardonnables.
« On ne les calme pas en les surexcitant, mais en faisant
« disparaître ce qu'elles ont de légitime.

« A cette œuvre doivent, dès aujourd'hui, se consacrer,
« au-dessus des coteries et des sectes, les républicains clair-
« voyants et prévoyants.

« Ce n'est pas une œuvre impossible. » (1)

____

(1) Henry Bérenger.

IMPRIMERIE H. CASSABOIS, 10, RUE D'AMBOISE, LYON